BEI GRIN MACHT SICH IHR WISSEN BEZAHLT

- Wir veröffentlichen Ihre Hausarbeit,
  Bachelor- und Masterarbeit

- Ihr eigenes eBook und Buch -
  weltweit in allen wichtigen Shops

- Verdienen Sie an jedem Verkauf

Jetzt bei www.GRIN.com hochladen und kostenlos publizieren

Stefanie Hiller

Unterrichtsstunde: Die Schüttelbox

„Wir schütteln 10" - Ausbau der Zahlvorstellung im Zahlenraum bis 10

GRIN Verlag

Bibliografische Information der Deutschen Nationalbibliothek:

Die Deutsche Bibliothek verzeichnet diese Publikation in der Deutschen National-
bibliografie; detaillierte bibliografische Daten sind im Internet über http://dnb.d-
nb.de/ abrufbar.

Dieses Werk sowie alle darin enthaltenen einzelnen Beiträge und Abbildungen
sind urheberrechtlich geschützt. Jede Verwertung, die nicht ausdrücklich vom
Urheberrechtsschutz zugelassen ist, bedarf der vorherigen Zustimmung des Verla-
ges. Das gilt insbesondere für Vervielfältigungen, Bearbeitungen, Übersetzungen,
Mikroverfilmungen, Auswertungen durch Datenbanken und für die Einspeicherung
und Verarbeitung in elektronische Systeme. Alle Rechte, auch die des auszugsweisen
Nachdrucks, der fotomechanischen Wiedergabe (einschließlich Mikrokopie) sowie
der Auswertung durch Datenbanken oder ähnliche Einrichtungen, vorbehalten.

Impressum:

Copyright © 2008 GRIN Verlag GmbH
Druck und Bindung: Books on Demand GmbH, Norderstedt Germany
ISBN: 978-3-640-74993-5

Dieses Buch bei GRIN:

http://www.grin.com/de/e-book/117643/unterrichtsstunde-die-schuettelbox

GRIN - Your knowledge has value

Der GRIN Verlag publiziert seit 1998 wissenschaftliche Arbeiten von Studenten, Hochschullehrern und anderen Akademikern als eBook und gedrucktes Buch. Die Verlagswebsite www.grin.com ist die ideale Plattform zur Veröffentlichung von Hausarbeiten, Abschlussarbeiten, wissenschaftlichen Aufsätzen, Dissertationen und Fachbüchern.

Besuchen Sie uns im Internet:

http://www.grin.com/

http://www.facebook.com/grincom

http://www.twitter.com/grin_com

Studienseminar für das Lehramt für die Primarstufe in Hamm
Entwurf zum 2. Unterrichtsbesuch
nach § 34 der OV in der Fassung vom
11.11. 2003 im Fach Mathematik

LAA:

Schule:

Adresse:

Fach: Mathematik

Klasse: 1a/ 25 Kinder

Zeit: 8:10 Uhr- 8:55 Uhr

Datum: 19.09.2008

Fachleiterin:

Ausbildungslehrerin:

Ako:

Schulleiter:

1. Thema der Reihe

„Die Schüttelbox"- Förderung des Zahl- und Mengenverständnisses im Zahlenraum bis 10, durch Sammeln von Erfahrungen zur Zahlzerlegung und Darstellung dieser, mit Hilfe des handlungsorientierten Übungsformates „Schüttelbox".

2. Thema der Einheit

„Wir schütteln 10"- Gemeinsam alle möglichen Zerlegungen der Zahl 10 finden und notieren, indem die Schülerinnen und Schüler das Übungsformat „Schüttelbox" nutzen, damit die Zahlvorstellung im Zahlenraum bis 10 ausgebaut werden kann.

3. Aufbau der Reihe

3.1   „Wir schütteln 7"- Handlungsorientierte Zerlegungen der Anzahl 7 anhand der neuen Übungsform „Schüttelbox", indem die Schülerinnen und Schüler mögliche Zerlegungen mit Hilfe der Schüttelbox finden und notieren.

3.2   **„Wir schütteln 10"- Gemeinsam alle möglichen Zerlegungen der Anzahl 10 finden und notieren, indem die Schülerinnen und Schüler das Übungsformat „Schüttelbox" nutzen, damit die Zahlvorstellung im Zahlenraum bis 10 ausgebaut werden kann.**

3.3   „Wir schütteln verschiedene Anzahlen"- Die Schülerinnen und Schüler zerlegen und notieren verschiedene Anzahlen im Zahlenraum bis 10 mithilfe von Schüttelboxen.

3.4   „Wir schütteln Plus- Aufgaben"- Der Übergang zur Addition- Die Schülerinnen und Schüler lernen eine neue Notationsform kennen und schreiben zu ihren Zahlzerlegungen Additionsaufgaben.

3.5   „Wie viele fehlen?"- Eine Seite der Schüttelbox ist verdeckt - Die Schülerinnen und Schüler zerlegen Anzahlen im Zahlenraum bis 10 mit der Schüttelbox, ergänzen und notieren diese anschließend mit Hilfe der neuen Notationsform.

4. Didaktische Strukturierung

4.1 Kernanliegen der Einheit

Durch ein handelndes Übungsformat und aktiv- entdeckendes Lernen sollen sich die Schülerinnen und Schüler mit der Anzahl 10 auseinandersetzen, indem sie selbstständig mit Hilfe der Schüttelbox mögliche Zerlegungen finden und richtig notieren, damit ein Mengen- und Zahlverständnis aufgebaut werden kann und erste Einsichten in mathematische Gesetzmäßigkeiten erfolgen.

Arbeitsauftrag: Schüttele 10. Male deine Zerlegungen auf.

Reflexionsauftrag/Forscherauftrag: Welche Lösungen hast du gefunden? Was fällt dir auf?

4.2 Sachanalyse zur Einheit

Arithmetik

Die Arithmetik ist im Unterricht der Klasse 1 das zentrale Thema des Mathematikunterrichtes. Die Schüler kommen mit zahlreichen Vorerfahrungen - insbesondere bezüglich des Zahlenraumes bis 10 - in die Schule, die aufgegriffen, stabilisiert, erweitert und systematisiert werden sollten.

Unterschiedliche Strategien des informellen Rechnens bilden die Grundlage für das Verständnis abstrakter Begriffe, z.B. des Zahlbegriffes[1]. Der Arithmetikunterricht sollte an den Kindern bekannten Sachsituationen anknüpfen und insbesondere materialgestützt und handlungsorientiert sein.

Neben der Unterstützung eigener Lösungsstrategien der Schüler ist es eine wichtige Aufgabe des Arithmetikunterrichtes, die Vorkenntnisse der Schüler zu systematisieren und langfristig die formale Sprache der Mathematik zu erarbeiten. Hierzu gehört das Entwickeln mathematischer Begriffe und das Erarbeiten von Standardverfahren und – notationen[2].

---

1 Vgl.: Radatz H.; Schipper W.; Dröge R.; Ebeling A.: Handbuch für den Mathematikunterricht, 1. Schuljahr, Schroedel Verlag, Hannover 1996, S. 48.
[2] Vgl.: Ebd. S. 48.

Zur Zerlegung von Zahlen

Unter dem Zerlegen von Zahlen versteht man das Aufteilen einer Zahl in zwei oder mehrere Summanden, z.B. 10 = 6+4.

Jede Zahl n kann in n+1 Zerlegungen mit zwei Summanden zerteilt werden. Darüber hinaus sind weitere Zerlegungen mit mehr als zwei Summanden möglich, z.B. 10= 2+3+5. Die Zerlegung in zwei Summanden ist die in der Grundschule gebräuchlichste Form. Die Zahlzerlegung hat zentrale Bedeutung im Mathematikunterricht der Grundschule[3]: Sie ist zum einen wichtige Grundlage für den Übergang von Zählstrategien zu heuristischen Strategien[4]. Außerdem wird durch das Zerlegen von Zahlen deren operative Struktur erschlossen und somit die Addition und Subtraktion, vor allem auch der Zehnerübergang, vorbereitet[5]. Durch die Zerlegung von Zahlen können die Schüler weitere Zahlbeziehungen erkennen[6].

Die Zahlzerlegung erfolgt im Mathematikunterricht des ersten Schuljahres zunächst durch konkrete Handlungen[7] (enaktive Ebene), z.B. mit Wendeplättchen oder Schüttelboxen. Es schließt sich die Notation von Zerlegungen zuerst in ikonischer Form an – z.B. durch Aufzeichnen von Plättchen oder Punktmengen – bevor zur symbolischen Darstellung mit Ziffernschreibweise übergegangen wird.

Das Zerlegen und Zusammensetzen von Zahlen ist eine wesentliche Voraussetzung für das Entwickeln von flexiblen und anspruchsvollen Rechenstrategien. Ziel der Zahlzerlegungsübungen im ersten Schuljahr ist die Automatisierung der Zerlegungen durch „ständige Wiederholung und abwechslungsreiches Üben"[8].

Die Zerlegung der Anzahl 10

Die Anzahl 10 kann in elf Zerlegungen mit zwei Summanden dargestellt werden: 0+10, 1+9, 2+8, 3+7, 4+6, 5+5, 6+4, 7+3, 8+2, 9+1, 10+0; wobei fünf Zerlegungen die Tauschaufgabe darstellen. Der Zehnerzerlegung kommt besondere Bedeutung zu, da sie beim späteren Auffüllen zum vollen Zehner bzw. Rechnen mit Zehnerübergang ständig verwendet wird.

---

[3] Vgl.   Radatz H.; Schipper W.: Handbuch für den Mathematikunterricht an Grundschulen, Schroedel Verlag, Hannover 1983, S.98.
[4] Vgl.: Padberg F.: Didaktik der Arithmetik, 3. erweiterte und völlig überarbeitete Auflage, Spektrum Akademischer Verlag, München 2005, S. 42.
[5] Vgl.: Padberg F., S. 43; Regelein S.; Wittassek, E.: Der gesamte Mathematikunterricht im 1. Schuljahr, Oldenbourg Verlag, München 2002, S. 79.
[6] Vgl.: Regelein S.; Wittassek E., S. 79.
[7] Vgl.: Padberg F., S. 41.
[8] Vgl.: Ebd. S. 42.

Mögliche Entdeckungen bei der Zahlzerlegung können sein:

- wenn die erste Zahl immer um 1 größer wird, dann wird die zweite Zahl immer um 1 kleiner,

- Kommutativität (Tauschaufgabe),

- die Bedeutung der Zahl 0 wird erkannt.

Die Schüttelbox

Das Schütteln der Schüttelboxen stellt eine bei den Kindern beliebte Zerlegungshilfe dar. Im Gegensatz zu den Wendeplättchen werden die Summanden in der gleichen Farbe dargestellt, die Zerteilung der Gesamtmenge wird durch die Verteilung der Perlen auf die zwei Fächer deutlich.

Die Notation der geschüttelten Zerlegungen erfolgt – je nach individuellem Leistungsstand – in ikonischer oder bereits in symbolischer Form. Daher ist die Vorgabe eines Beispiels auf dem Arbeitsblatt nicht sinnvoll. Bei Unsicherheit können die Kinder sich an dem Arbeitsauftrag an der Tafel orientieren.

4.3 Didaktische Analyse

Im Lehrplan Mathematik für das Land Nordrhein Westfalen gehört die Zahlzerlegung bzw. Zahlvorstellung zu dem inhaltsbezogenen Bereich „Zahlen und Operationen". Die Zahlzerlegung dient der Entwicklung einer Zahlvorstellung, dem verständigen Umgehen mit Zahlen sowie dem Aufbau heuristischer Zählstrategien und trägt damit maßgeblich zum Erreichen der im Leistungsprofil für die Grundschule geforderten Lernleistungen bei.

Dem dort ebenso geforderten „Nutzen von Strukturen in Zahldarstellungen zur Anzahlerfassung"[9] wird durch das Erfassen von Perlenmengen in Schüttelboxen sowie gedruckten Punktmengen in dieser Stunde Rechnung getragen. Auch für das „automatisierte Wiedergeben des kleinen Einspluseins"[10] werden wichtige Grundlagen gelegt. Die vorliegende Reihe trägt dazu bei, die Darstellung mathematischer Sachverhalte zu üben und Kenntnis und Anwendungsmöglichkeiten mathematischer Notationsformen zu vertiefen[11].

---

[9] Vgl.: Lehrplan Mathematik, S. 61
[10] Vgl.: Ebd., S. 62.
[11] Vgl.: Ebd., S. 61.

Des Weiteren können die Schülerinnen und Schüler in dieser Einheit „Operationseigenschaften (Umkehrbarkeit) und Rechengesetze (Kommutativgesetz) an Beispielen entdecken und beschreiben", sowie „Beziehungen zwischen den Zahlen erkennen" (wird um 1 mehr/weniger) [12].

In dieser Einheit werden neben den inhaltsbezogenen Kompetenzen auch prozessbezogene angesprochen. Die Schülerinnen und Schüler erklären Beziehungen und Gesetzmäßigkeiten am Beispiel der gefundenen Zerlegungen und vollziehen Begründungen der Mitschüler nach. Sie testen ihre Vermutungen anhand des handelnden Umgangs mit der Schüttelbox und hinterfragen, ob die Aussagen zutreffend sind *(Argumentieren)*.[13] Zusätzlich erfolgt die Zahlzerlegung auf verschiedenen Darstellungsebenen[14]: Enaktiv durch Perlen und Schüttelboxen, ikonisch durch Aufzeichnen der Plättchen bzw. Perlen *(Darstellen/Kommunizieren)*.

Einige Kinder haben vermutlich bereits Vorerfahrungen (die sehr unterschiedlich und überwiegend auch unbewusst sind) in Bezug auf die Zerlegung von Zahlen, auf denen die Kinder nun individuell aufbauen können.

Das Leistungsniveau der Klasse ist dennoch sehr heterogen. Die Hälfte Kinder sind in der Lage im Hunderter-Raum zu zählen (im Zwanziger-Raum auch rückwärts) und Anzahlen zu bestimmen (visuell, akustisch, haptisch). Des Weiteren stellt es für kaum ein Kind ein Problem dar, Zahlen Mengen zuzuordnen und umgekehrt. Fast alle Kinder können Ziffern bis 10 erlesen und mittlerweile auch bewegungsrichtig schreiben. In den letzten Wochen ging es vor allem um den Ausbau der Vorerfahrungen und die Orientierung im Zahlenraum bis 20 (Zwanzigerreihe). Die Schülerinnen und Schüler sind mit der Form des Gesprächskreises vertraut. Freiarbeit und offenen Unterricht haben sie noch nicht kennen gelernt. Den Kindern ist, abgesehen von den Vorerfahrungen im Spielen mit anderen Kindern, die Form der Partnerarbeit noch nicht geläufig. Ich möchte deshalb die Möglichkeit geben, mit einem Partner zusammen zu arbeiten.

Vielen Kindern fällt es noch schwer sich an die Gesprächsregeln zu halten. Sie reden öfters in die Klasse ohne aufzuzeigen. Während den Gesprächen werde ich auf die Einhaltung der Gesprächsregeln achten und die Kinder gegebenenfalls an diese erinnern. Selim, Anouar, Bajro, Justin und Wladimir sind häufig unaufmerksam, so dass sie Arbeitsaufträge teilweise nicht mitbekommen. Ich möchte sie daher gezielt

---

[12] Vgl.: Ebd., S. 61.
[13] Vgl.: Ebd., S. 60.
[14] Vgl.: Lehrplan Mathematik, S. 60.

ansprechen, ob sie die Aufgabe verstanden haben. Selim ist ein türkisches Kind mit großen sprachlichen Defiziten. Er kann sich kaum in ganzen Sätzen ausdrücken und versteht die Arbeitsaufträge aufgrund mangelnder Deutschkenntnisse manchmal nicht.

Der Schüler Bajro nimmt auf Probe am GU- Unterricht (LB) teil und wird zieldifferent unterrichtet. Er ist zwei Jahre entwicklungsverzögert. Bajro hat große Schwierigkeiten in der Zahlvorstellung und kann Mengen teilweise noch nicht richtig erfassen, zuordnen und notieren. Seine Konzentrationsspanne ist sehr gering, deswegen gelingt es ihm sich nur kurze Zeit auf einen Sachverhalt zu konzentrieren. Ihm kommen das anschauliche Material sowie die handlungsorientierte Auseinandersetzung mit dem Thema entgegen. Bei Bedarf erhält er weitere Hilfe (zusätzliche Erklärung). Des Weiteren stehen ihm differenzierte Angebote (eigenes Fördermaterial) zur Verfügung.

Auch Alissa, Justin und Anna haben noch keine Zahlvorstellung entwickelt. Die Kraft der Fünf, das Zuordnen von Mengen und die Bedeutung einer Ziffer sind für sie zum Teil noch problematisch. Auch haben sie große Schwierigkeiten in der visuellen und auditiven Wahrnehmung. Bei auftretenden Schwierigkeiten stehen die Klassenlehrerin und die LAA auch diesen Schülern zur Verfügung.

Als grundlegende Anforderung dieser Einheit gilt es, mögliche Zerlegungen der Anzahl 10 zu finden und zu notieren, sowie in der Reflexionsphase ihre Lösungen zu präsentieren.

Eine erweiterte Anforderung besteht darin, dass die Schüler und Schülerinnen Entdeckungen beschreiben und die Erklärungen nachvollzogen werden. Des Weiteren können schnelle/leistungsstarke Schülerinnen und Schüler weitere Anzahlen im *Zahlenraum bis 20* untersuchen, was zugleich eine quantitative Differenzierung darstellt.

Folgerung für die didaktische Reduktion:
Um die Zerlegungen von Zahlen zu automatisieren, muss diese immer wieder geübt werden. Zur Vermeidung von Langeweile sollten die Übungen abwechslungsreich gestaltet sein, wie dies in der vorliegenden Einheit durch die auffordernden Materialien der Fall ist. Es ist sinnvoll, die Zahlzerlegung frühzeitig in dem den

Kindern bekannten Zahlenraum bis 10 zu üben, da sie im weiteren Mathematikunterricht immer wieder gebraucht wird.

Kinder im ersten Schuljahr haben häufig noch Schwierigkeiten im Umgang mit der symbolischen Darstellung von Mengen. Daher ist es wichtig, die Zerlegungen an konkreten Materialien zu erproben und über die ikonische Ebene den Zugang zur Ziffernschreibweise nach und nach anzubahnen.

4.4 Methodische Analyse

Die Methode, die der heutigen Stunde zugrunde liegt ist die des entdeckenden Lernens, die besagt, dass das Lernen umso wirkungsvoller ist, je mehr es vom Lernenden als sein eigenes Anliegen betrachtet wird und je mehr der Lernende initiativ und aktiv den Unterrichtsgang bestimmt.[15]

Die wichtigsten Prinzipien der Stoffanordnung im Rahmen dieser Unterrichtsmethode sind das genetische und das Spiralprinzip. Genetische Entwicklung bedeutet in dieser Unterrichtsreihe das Entdecken und Schematisieren von additiven Prozeduren auf der Grundlage des Umgangs mit Material.[16] Es ist wichtig, dass die Zerlegungen nicht nur auf formaler Ebene statt finden, sondern immer wieder an konkretem Material und auf zeichnerischer Ebene konkret durchgeführt werden. Gerade im Anfangsunterricht finde ich es unerlässlich viel mit konkretem Material aus der Alltagswelt der Kinder zu arbeiten, um den Kindern einen höchst möglichen Grad an Veranschaulichung zu bieten.

Die Erfahrungen mit dem Material werden zu Aufgabentypen führen, die dann auch gesondert geübt werden. Das Spiralprinzip meint, dass Zahlzerlegungen mehrmals und mit wachsender Verflechtung und Schematisierung unterrichtlich entwickelt werden.[17]

Das Ergebnis ist nicht nur für die „Entdeckerfreude", sondern die Einsicht in die Struktur von Informationen, die vorher nicht vorhanden waren. Selbstentdecken lehrt Informationen so zu erwerben, dass sie für das Problemlösen fruchtbarer werden, als den Stoff im Gedächtnis zu speichern.[18]

---

[15] Vgl.: Winter, Heinrich: Mathematik entdecken, Cornelsen Scriptor Verlag, FFM 1996, S. 14.
[16] Vgl.: Winter, Heinrich: Mathematik entdecken, Cornelsen Scriptor Verlag, FFM 1996, S. 16.
[17] Vgl.: Ebd. S. 16.
[18] Vgl.: Gudjons, Herbert: Handlungsorientiert lehren und lernen, Verlag Julius Klinkhardt, Bad Heilbrunn 1997, S. 24.

In der Einstiegsphase biete ich den Schülerinnen und Schülern im Sitzkreis eine herausfordernde Situation an, die zum Vermuten und Entdecken ermuntert. Gemeinsam werden Vermutungen darüber gesammelt, wie viele Zerlegungen der Anzahl 10 wohl möglich sind. In dieser Phase bietet sich die Sozialform Sitzkreis an, da die Aufmerksamkeit somit besser gewährleistet werden kann und eine Kommunikation aufgebaut wird, die dem Lernen aller Kinder förderlich ist.

In der Arbeitsphase habe ich die Sozialform der Partnerarbeit gewählt, da die Erfahrung, gemeinsam mit anderen Leistung erbringen zu können, das Selbstbewusstsein, Selbstvertrauen und soziale Handeln stärkt.

Die Problemstellung, nämlich alle möglichen Zerlegungen der Anzahl 10 zu finden, sowie ein Forscherauftrag, ermutigt die Schülerinnen und Schüler Zusammenhänge zu entdecken. In der Reflexionsphase werden die Ergebnisse klar herausgestellt, von den Schülerinnen und Schülern formuliert und von mir auf einem Plakat festgehalten, damit diese bei allen Kindern gedächtnismäßig verankert werden. Bei den Entdeckungen der Kinder werde ich mich weitestgehend zurückhalten, denn entscheidend für den Lernerfolg ist es, das jeweils individuelle Lernen und seine Ergebnisse anzuerkennen und zu bestätigen. Ein Unterricht, der die Methode des entdeckenden Lernens ernst nimmt, stellt die Lernenden mit ihrem Lernpotenzial und nicht die Lernenden mit ihren Lerndefiziten ins Zentrum der Lernprozesse.[19]

Ob die Schüler das Ziel der Stunde erreichen, lässt sich an der korrekten Notation der verschiedenen Zerlegungen der Zahl 10 erkennen. Inwiefern das Arbeiten mit dem Partner möglich ist, zeigt sich daran, ob die Schülerinnen und Schüler zielgerichtet an die Aufgabe herangehen oder unsicher und unentschlossen bei der Bearbeitung sind. Die Qualität der Rückmeldungen in der Reflexionsphase lässt Rückschlüsse auf die Fähigkeit der Kinder zur Reflexion eigener Lernwege zu.

Ein differenziertes Angebot ist wichtig, um den unterschiedlichen Voraussetzungen und Lerntypen entgegen zu kommen.

Schnelle Schüler haben die Möglichkeit, sich selbst Zahlen auszusuchen, die sie zerlegen. Eine Differenzierung liegt auch in dem Material selber. Nach dem Schütteln öffnen die Kinder nur eine Hälfte der Schachtel und bestimmen die Anzahl der Perlen. Um die Anzahl der Perlen in der anderen Hälfte der Schachtel zu bestimmen,

---

[19] Vgl.: Scherer, Petra; Bönig, Dagmar: Mathematik für Kinder- Mathematik von Kindern, Grundschulverband, FFM 2004, S. 78.

können sie entweder die Schachtel ganz öffnen und die Perlen abzählen oder die Anzahl der Perlen durch additive Ergänzung berechnen. In diesem Fall können die Kinder ihre Lösung durch das Öffnen der Schachtel selbst kontrollieren.

Die Zusammenarbeit mit dem Partner und das individuelle Arbeitstempo stellen eine qualitative Differenzierung dar, da sich die Kinder gegenseitig unterstützen und Hilfen geben. Bei weiteren Schwierigkeiten stehen die Lehramtsanwärterin und die Klassenlehrerin in der Arbeitsphase zur Verfügung.

5. Teilziele des Kernanliegens

Sachkompetenz:

Die Schülerinnen und Schüler sollen im Rahmen des Übungsformates „Schüttelbox" in handelnder Auseinandersetzung erkennen, dass Mengen und Zahlen unterschiedliche Zerlegungen haben. Sie sollen die Zahlzerlegung der Anzahl 10 erkennen und notieren können, sowie erste Strukturen des Zahlenraums und Verknüpfungen der Zahlen kennen lernen, indem sie auf der enaktiven und ikonischen Ebene selbstständig mit der Schüttelbox arbeiten, damit die Zahlvorstellungen im Zahlenraum bis 10 ausgebaut und vertieft werden und ihr vorhandenes Zähl- und Zahlwissen bzw. ihre Fähigkeit der Zahlerfassung geschult wird. Des Weiteren sollen sie den Übergang zwischen den verschiedenen Darstellungsformen (E- I) kennen lernen.

Sozialkompetenz:

Die Schülerinnen und Schüler sollen Gesprächs- und Klassenregeln einhalten können, indem sie in der Einstiegs-, Arbeits- und Reflexionsphase andere ausreden lassen und sich melden. In der Partnerarbeit sollen sie dem Banknachbar Hilfe leisten oder annehmen können und eigene Entdeckungen dem Partner beschreiben, damit sie in ihrer Kommunikationsfähigkeit gefördert werden.

Methodenkompetenz:

Die Schülerinnen und Schüler sollen die neue Form der Zieltransparenz kennen lernen, indem sie die Stundentransparenz beschreiben. Sie sollen in ihrer Reflexionsfähigkeit gefördert werden, indem sie ihre Lösungen und Entdeckungen den Mitschülern vorstellen.

<u>Selbstkompetenz:</u>

Die Schülerinnen und Schüler sollen Vertrauen in ihre Fähigkeiten entwickeln und individuelle Vorerfahrungen erweitern/vertiefen, indem sie eigene Ideen in die Partnerarbeit mit einbringen. Jeder Schüler hat die Möglichkeit, seinen Fähigkeiten entsprechend zu arbeiten und sich bei auftretenden Schwierigkeiten Hilfe zu holen.

6. Verlaufsplanung der Stunde

Phasen	Handlungsschritte	Methodischer Kommentar	Anmerkung/ Kommentar
Einstieg	-Begrüßung /Vorstellen des Besuchs - Sch. stellt Datum vor - gemeinsam wird die Tagestransparenz vorgestellt - LAA gibt Impuls: „Was hast du gestern gelernt?" - LAA informiert über den Ablauf und Ziel der Einheit - Stundentransparenz wird gemeinsam vorgestellt	Sozialform: Sitzkreis Tafelbild: Stundentransparenz Reihentransparenz Tagestransparenz	Die Stunden- transparenz wird gemeinsam vorgestellt, da die Methode in dieser Reihe neu eingeführt wurde.
Hinführung (5-10 min)	- Die LAA zeigt eine mögliche Zerlegung der 10 mit der großen Schüttelbox. - LAA gibt Impuls: „Was glaubt ihr wie viele Zerlegungen der 10 gibt es? - Vermutungen werden an der Tafel gesammelt. - LAA gibt den Arbeits- und Reflexionsauftrag.	Material: Große Schüttelbox	Das Zeigen einer Zerlegung ist für die Sch. ein Probehandeln für die Arbeitsphase.
Arbeits- phase (25 min)	- Die Sch. schütteln die 10 und notieren ihre Ergebnisse auf dem Arbeitsblatt.	Sozialform: Partnerarbeit Material: Schüttelboxen Arbeitsblatt Differenzierung: - quantitativ: schnelle Sch. untersuchen weitere Anzahlen im ZR bis 20 auf mögliche Zerlegungen - qualitativ: - Zusammenarbeit mit dem Partner - individuelles Arbeitstempo	Die LAA und Klassenlehrerin stehen bei aufkommenden Fragen zur Verfügung.

| Reflexion (10- 15 min) | - Der Übergang in den Sitzkreis wird durch Musik und Visualisierung eingestimmt.
- Die Sch. tragen ihre Lösungen vor.
- Die Lösungen werden gemeinsam mit der LAA auf einem Plakat festgehalten und mit den Vermutungen verglichen.
- Die Sch. äußern sich über mögliche Entdeckungen, die gemacht wurden. | Sozialform: Sitzkreis

Material: Plakat, Arbeitsblätter der Sch. | Ein Forscherauftrag soll den Blick schärfen für mathematische Zusammenhänge/ Strukturen im Zahlenraum.

Bei den Entdeckungen hält sich die LAA komplett zurück, um das individuelle Lernen anzuerkennen. |

7. Literatur

- Gudjons, Herbert: Handlungsorientiert lehren und lernen, Verlag Julius Klinkhardt, Bad Heilbrunn 1997.
- Ministerium für Schule, Wissenschaft und Forschung des Landes NRW: Sammelband Grundschule. Richtlinien und Lehrpläne. Mathematik. Ritterbach Verlag 2003.
- Padberg, Friedhelm: Didaktik der Arithmetik, 3. erweiterte und völlig überarbeitete Auflage, Spektrum Akademischer Verlag der Elsevier GmbH, München 2005.
- Radatz, Hendrik; Schipper, Wilhelm: Handbuch für den Mathematikunterricht an Grundschulen, Schroedel Verlag, Hannover 1983.
- Radatz H.; Schipper W.; Dröge R.; Ebeling A.: Handbuch für den Mathematikunterricht, 1. Schuljahr, Schroedel Verlag, Hannover 1996.
- Regelein, Silvia; Wittassek, Edith: Der gesamte Mathematikunterricht im 1. Schuljahr. Reihe: Prögel Praxis, Oldenbourg Verlag, München 2002.
- Scherer, Petra; Bönig, Dagmar: Mathematik für Kinder- Mathematik von Kindern, Grundschulverband, FFM 2004.
- Winter, Heinrich: Mathematik entdecken. Cornelsen Scriptor Verlag, FFM 1996.

8. Anhang

- ❖ Arbeitsblatt
- ❖ Arbeitsblatt zur quantitativen Differenzierung

10

___	___	___	___
___	___	___	___
___	___	___	___

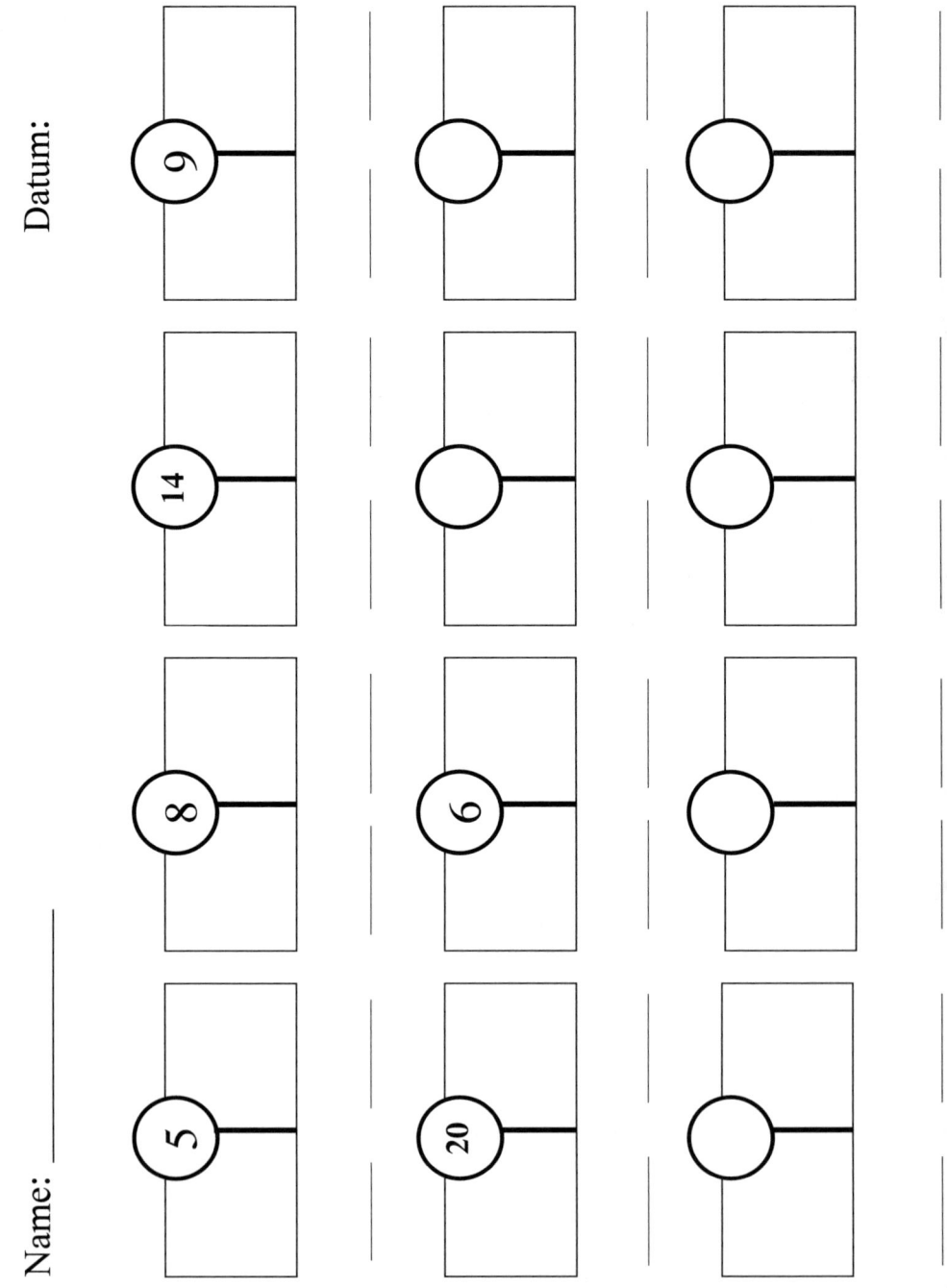